ALPHABET

DES

ANIMAUX.

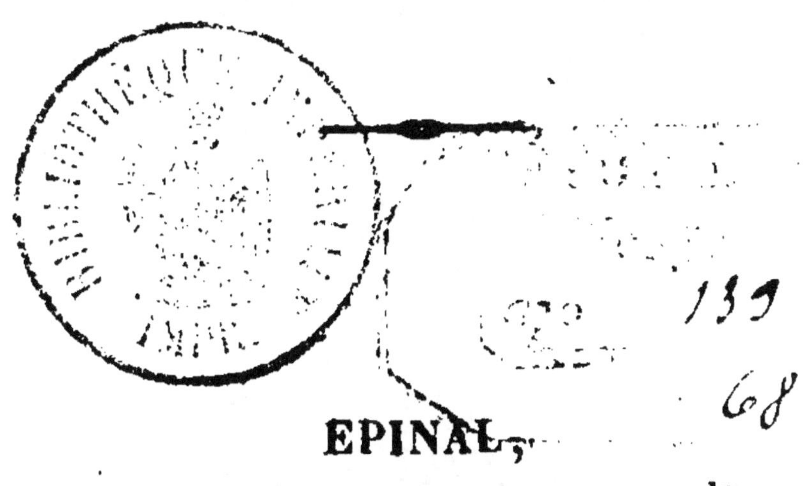

EPINAL,

IMPRIMERIE DE PELLERIN ET Cie.

—

1866.

A B C D

E F G H

I J K L M

N O P Q

R S T U

V X Y Z

a b c d
e f g h
i j k l m
n o p q
r s t u
v x y z

SYLLABES DE DEUX LETTRES.

ba be bi bo bu

ca ce ci co cu

da de di do du

fa fe fi fo fu

ga ge gi go gu

ha he hi ho hu

ja je ji jo ju

ka ke ki ko ku

la le li lo lu

ma me mi mo mu

na ne ni no nu

pa pe pi po pu

qua que qui quo quu

ra re ri ro ru

sa se si so su

ta te ti to tu

va ve vi vo vu

xa xe xi xo xu

za ze zi zo zu

Mots de deux syllabes.

Pè-re.   Mè-re.
Bi-jou.   Pa-trie.
Toi-le.   Rai-sin.
Frè-re.   Se-rin.
On-cle.   Tan-te.
Chai-se.   Bon-té.
Cou-sin.   Ca-det.

Mots de trois syllabes.

Bâ - ti - ment.

Doc - tri - ne.

En - ton - noir.

Im - pri - meur.

Ins - tru - ment.

Or - fè - vre.

Ré - mou - leur.

Vi - gne - ron.

Les six voyelles sont :

a e i o u y

*Les dix-neuf consonnes
sont*

b c d f g h j k

l m n p q r s

t v x z,

1 2 3 4 5 6 7 8 9 0

L'Oraison Dominicale.

Notre Père qui êtes aux Cieux, que votre nom soit sanctifié, que votre règne arrive, que votre volonté soit faite sur la terre comme dans le ciel : donnez-nous aujourd'hui notre pain de chaque jour, et pardonnez-nous nos offenses, comme nous pardon-nons à ceux qui nous ont offensés; et ne nous laissez point succomber à la tentation, mais délivrez-nous du mal. Ainsi soit-il.

La Salutation Angélique.

Je vous salue Marie pleine de grâces, le

Seigneur est avec vous ; vous êtes bénie entre toutes les femmes, et Jésus le fruit de vos entrailles est béni. Sainte Marie, mère de Dieu, priez pour nous pauvres pêcheurs maintenant et à l'heure de notre mort. Ainsi soit-il.

Ane.

bœuf.

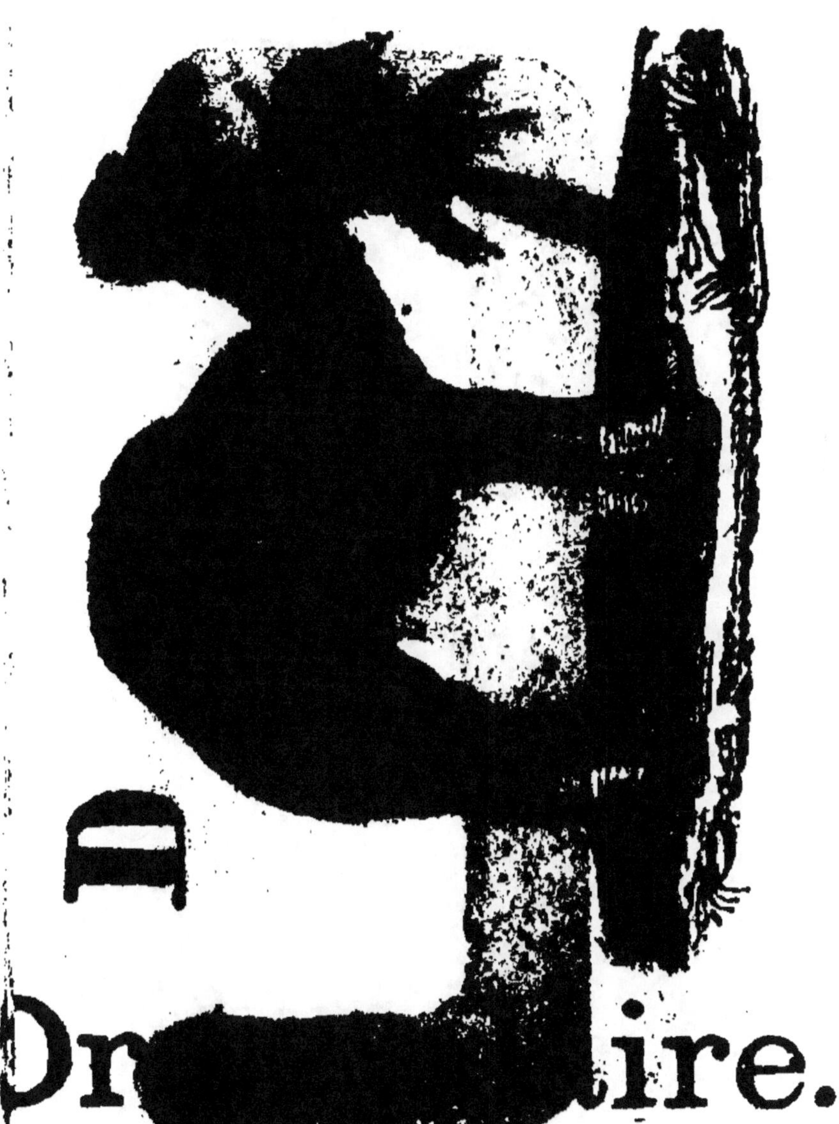

A

On ire.

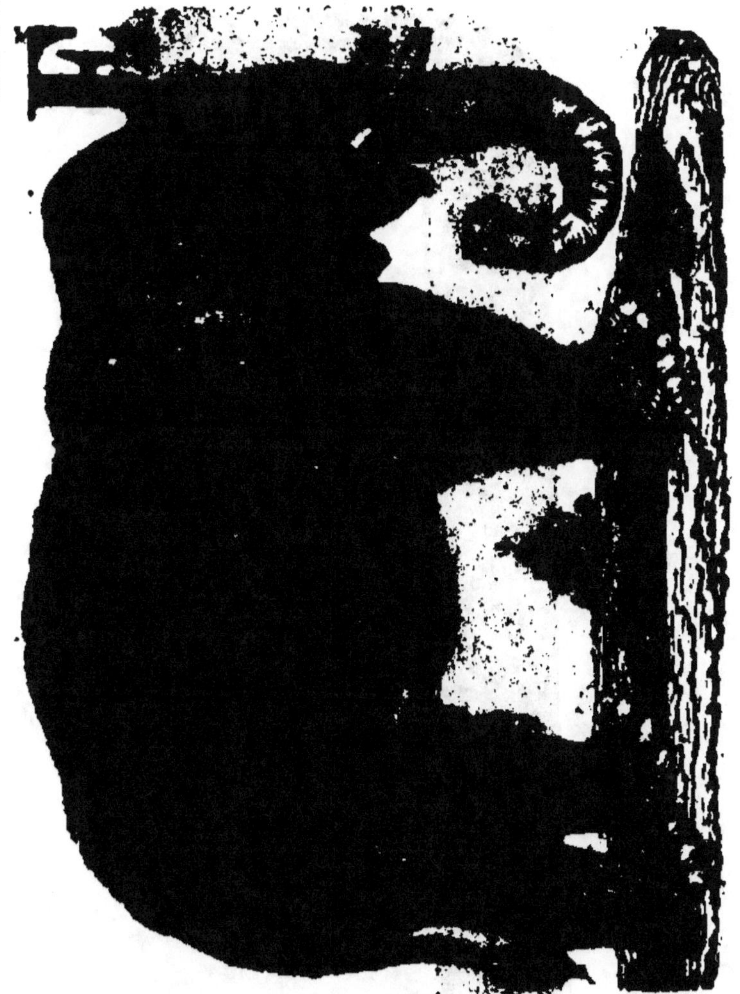

Éléphant.

et.

Genette.

Hyène.

Isa...   Jocko..

K

K ngaroo.

Lion.

Mule.

Ours

nach

Rhinoceros.

S Serpent.

Tigre.

Vache.

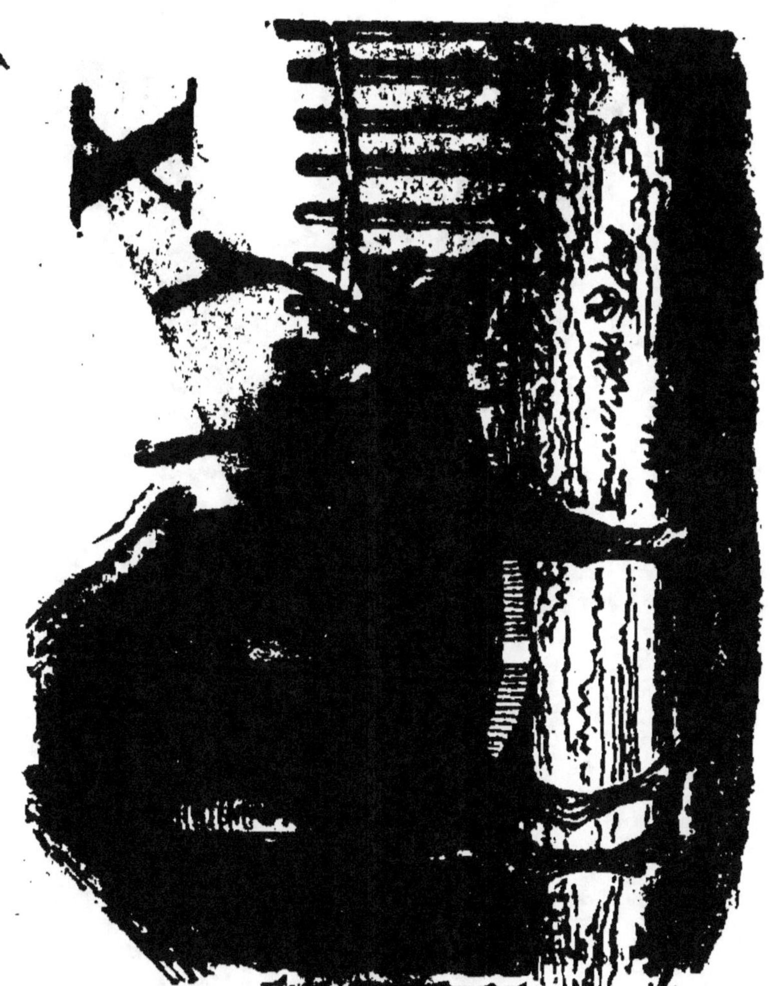

Xantarus.

rque.

Z

Zèbre.

PRIÈRE DU MATIN.

Chrétien, en t'éveil-
lant, invoque, adore,
prie

Un Dieu dont tu
reçus tant de marques
d'amour ;

Songe que peut-être
ce jour

Sera le dernier de ta
vie.

PRIÈRE DU SOIR.

Chétien, en te cou-
chant, à Dieu rends
ton hommage,
C'est lui qui t'a
comblé de biens dès
le berceau ;
Pense que de la
mort le sommeil est
l'image,
Et le lit celle du tom-
beau.